Leo Helmschrott

MENCK SEILBAGGER *Album*

Verlag Podszun-Motorbücher GmbH
Elisabethstraße 23-25, D-59929 Brilon
Herstellung Druckhaus Cramer, Greven
Internet: www.podszun-verlag.de
Email: info@podszun-verlag.de

ISBN 978-3-86133-559-7

Leo Helmschrott

MENCK SEILBAGGER
Album

PODSZUN

Inhalt

Vorwort

Seilbagger, insbesondere die Menck Bagger, faszinieren mich seit meiner Kindheit, die ich in München verbrachte. Schon damals war ich ein ausdauernder Zuschauer auf den großen Baustellen der Stadt. Der U-Bahn-Bau in den sechziger Jahren, bei dem besonders viele Menck Geräte eingesetzt waren, begeisterte mich sehr. Damals waren Seilbagger Standardgeräte bei der Erdbewegung, man konnte sie auf vielen Baustellen bei der Arbeit beobachten.

Zahlreiche große Baufirmen wie Holzmann, Wayss & Freytag, Hochtief, Grün & Bilfinger, Sager & Woerner, Heilmann & Littmann, Thormann & Stiefel, Polensky & Zöllner, Leonhard Moll, Held & Francke, Züblin, Baresel, Julius Berger, um nur einige zu nennen, setzten Menck Bagger und andere Fabrikate schon vor dem Zweiten Weltkrieg ein. Die größeren Bagger von Menck, zumeist Hochlöffelbagger mit Elektroantrieb, kamen in den Steinbrüchen der Gewinnungsindustrie, zum Beispiel bei den Zementwerken oder im Erzbergbau zum Einsatz.

All diese Bagger sind heute leider kaum mehr anzutreffen, die Ära dieser Maschinen ist schon lange zu Ende gegangen. Mein Wunsch ist es, mit den Aufnahmen dazu beitragen zu können, die Erinnerung an diese einzigartigen Maschinen zu erhalten und diesen faszinierenden Teil der Technikgeschichte nicht in Vergessenheit geraten zu lassen.

Viel Freude mit dem Menck Seilbagger Album wünscht

Leo Helmschrott

„Denn es ist zuletzt doch nur der Geist, der jede Technik lebendig macht“

Johann Wolfgang von Goethe (1749-1832)

Einleitung

Die Seilbagger von Menck & Hambrock zählen zu den besten ihrer Zeit auf dem Weltmarkt. Es ist faszinierend anzuschauen, wenn sie mit ihren gewaltigen Ausmaßen und den starken Dieselmotoren scheinbar mühelos Erde und Gestein bewegen. Obwohl bei Liebhabern von Baumaschinen heute noch hoch im Kurs stehend, gibt es kaum Literatur, in der Menck-Bagger bei der Ausführung verschiedenster Bauaufgaben gezeigt werden. Mit diesem Buch soll anhand vieler Einsatzfotos den Baumaschinenfreunden ein Überblick über die Geschichte der verschiedenen Baggermodelle von Menck & Hambrock gegeben werden.

Der Autor öffnet erstmals sein umfangreiches Fotoarchiv und zeigt in den letzten vier Jahrzehnten entstandene Aufnahmen von Menck-Baggern. Ergänzt werden diese Bilder durch Archivaufnahmen, um die gesamte Entwicklung der Menck-Bagger seit dem Beginn der Baggerproduktion zu Beginn des zwanzigsten Jahrhunderts aufzeigen zu können.

Aber erst die Mithilfe von Werner Luff, Walter Zacherle, Alfred Meyer, Markus Anderl, Ernst Weber, der Firma Heidelberg Cement und des Stadtteilarchivs Ottensen, die für das Buch ihre Bilder zur Verfügung stellten, ermöglichte es, ein derart großes Spektrum seltener Baggeraufnahmen zusammenzustellen.

Der erste Löffelbagger 1901

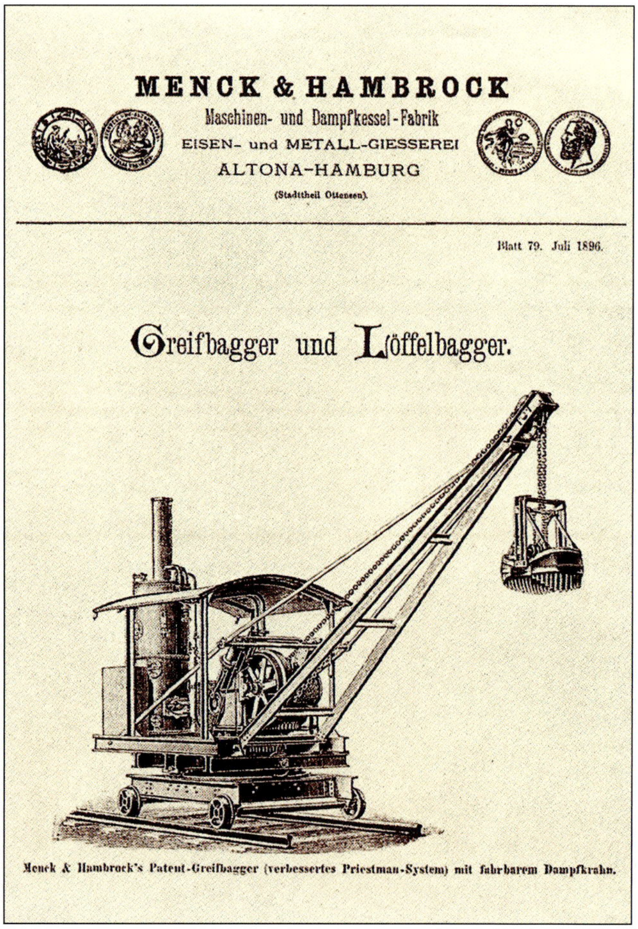

Geschichte

Menck & Hambrock wurde am 1. Februar 1868 von Johannes Adolf Menck und Dietrich Alexander Hambrock in Ottensen bei Hamburg gegründet. Anfangs wurden Dampfmaschinen, Lokomobile, Dampfkessel und einfache Freifalldampframmen gebaut.

Die ersten Bagger

1888 wurden die ersten Baggermaschinen entworfen. Die Konstrukteure versahen die Dampfkrane mit Klappkästen, die von Hand mit Aushubmaterial befüllt wurden. So wurde das Verladen von Aushub mechanisiert. Bereits 1891 wurden Zweikettengreifer nach dem System Priestmann angeboten. Diese Greifer ersetzten bald die Klappkästen, da sie das Graben des Baggergutes in den Arbeitsgang aufnahmen. Eine besondere Pioniertat war der Bau des ersten Hochlöffelbaggers im Jahr 1901. Im Gegensatz zu den englischen und amerikanischen Geräten konnte er bereits voll im Kreis schwenken, da die Grundkonstruktion von den bewährten Dampfkranen abgeleitet war. In den folgenden Jahren wurden immer ausgefeiltere Bagger und Rammen entwickelt und gebaut. Bis zum Kriegsbeginn 1914 wurden bei Menck immerhin 600 Löffelbagger hergestellt. Allerdings blieben die Geräte bis 1918 schienengebunden, wenn man von einem Bagger mit Straßenrädern aus dem Jahr 1910 absieht.

Einführung des Raupenbandfahrwerkes

1918 gab Menck dem europäischen Baggerbau mit der Einführung des Raupenbandfahrwerkes eine besondere Wende. Für den Bau von Schützengräben wurde der erste Raupenbagger Europas an das „Königlich-Preußische-Ingenieurkomitee" ausgeliefert.

Die ersten Universalbagger

Ein Meilenstein in der Entwicklung der Bagger war die Einführung der modernen Raupenbagger Modell II, III, IV, V, VI und VII. Diese Bagger waren schon echte Universalbagger, die leicht auf die verschiedenen Einrichtungen wie Schürfkübel, Greifer, Rammen u. a. umgebaut werden konnten. Ab 1926 wurden unter den Bezeichnungen Mb, Mc, Md, Me und Mf entsprechende Bagger für den Steinbruchbetrieb angeboten. Diese waren aus den Modellen MIII-MVII entwickelt worden.

Europas größter Löffelbagger

Im Jahr 1927 wurde der bis dahin größte Löffelbagger in Europa, der Menck KRA, für das Zementwerk Dyckerhoff und Söhne in Wiesbaden Amöneburg als Sonderanfertigung geliefert. Der Bagger arbeitete dort bis 1969 und förderte dabei mehr als 30 Millionen Tonnen Abraum.

Neue Universalbagger

Um das Jahr 1932 begann Menck & Hambrock mit einer ganz neuen Serie von Universalbaggern, die die Bezeichnungen Mo, Ma, Mb, Mc, Me und Mf tragen sollten. Diese Bagger waren, als Schweißkonstruktion ausgeführt, leistungsfähiger und leichter auf andere Baggereinrichtungen umzurüsten. Von einem Maschinisten waren sie einfach zu bedienen.

Allerdings war bei diesen Modellen kein Dampfantrieb mehr vorgesehen. Der Dieselantrieb hatte sich inzwischen durchgesetzt, weil die Motoren wesentlich verbessert und leistungsfähiger geworden waren. Außerdem entfiel die komplizierte und zeitaufwendige Bedienung der Dampfmaschine.

Diese Typen waren bald sehr beliebt und kamen bei zahlreichen Baufirmen viele Jahre zum Einsatz. Innerhalb dieser Serie wurden die Bagger ständig weiterentwickelt und perfektioniert. So waren die ersten Ausleger noch aus Vollwandprofilen gefertigt, die durch den geschweißten Gittermastausleger ersetzt wurden.

Später entwickelte man die sogenannte Menck-Kleinhebelei, bei der zur Bedienung des Baggers keine großen Hebel mehr notwendig waren. Nun genügten kleine, kurze Hebel, die mit minimalem Kraftaufwand eine mechanische Steuerung der Dreh- und Windenfunktion ermöglichten. Dieses Prinzip der Steuerung wurde bis Ende der sechziger Jahre beibehalten und erst in den siebziger Jahren bei einigen Modellen durch eine pneumatische Steuerung abgelöst.

Menck-Bagger aus Tschechien

Während des Zweiten Weltkrieges wurde die Baggerproduktion zu Skoda nach Tschechien ausgelagert, wo die Modelle Mb und Mc gefertigt wurden. Auch CKD (Ceskomoraska-Kolben-Danek) bei Prag und Simmering in Österreich stellten Menck-Bagger her.

Neubeginn 1946

Ab 1946 konnten bei Menck trotz Materialknappheit wieder Bagger gebaut werden. In diesen Jahren entstanden unter anderem der neu entwickelte Leichtkran LK 46/50, ein nur elf Tonnen schweres Gerät, sowie die großen Elektrobagger DN und EN.

Neue Typenbezeichnung

Ende der vierziger Jahre erhielten die weiter entwickelten Universalbagger Mo bis Md eine neue Typenbezeichnung. Ab 1948 hieß der Mb dann (M 150) M 152, der Mc 250. Bei diesen neuen Bezeichnungen konnte man den Löffelinhalt sowie die Motorleistung direkt in der Bezeichnung ablesen. Der M 152, der in direkter Linie vom Mb und vom MIV abstammte, wurde einer der beliebtesten Bagger von Menck überhaupt.

Neue Universalbagger

1949 wurde als Neukonstruktion der M 75 präsentiert, der die Baggerreihe nach unten abrundete. 1954 folgte dann der M 60, 1955 wurde der M 75 durch den M 90 ersetzt und 1957 folgte der kleinste Bagger, der M 40. Damit gab es eine umfangreiche Palette von leichten bis mittleren Universalbaggern, die in der Nachkriegszeit und zur Zeit des Wiederaufbaus zur Erfüllung jeder Bauaufgabe wesentlich beitragen konnten.

Neue Steinbruchbagger

Auch im Bereich großer Geräte hat man in den fünfziger Jahren Bahnbrechendes geleistet. Die 80 Tonnen schweren Diesel-Universalbagger M 250 (1950) und M 251 (1955) waren an stationären Einsatzorten wie in Steinbrüchen und Kiesgruben anzutreffen, aber auch auf großen Baustellen. Im Gegensatz zu diesen Geräten waren die neueren elektrisch betriebenen Steinbruchbagger Typ DN (Erscheinungsjahr 1954, Gewicht 150 Tonnen), DN 2 (Erscheinungsjahr 1961, Gewicht 180 Tonnen), DN 3 (Erscheinungsjahr 1956) meistens auf einen Einsatzort, zum Beispiel einen Steinbruch, begrenzt. Sie konnten enorme Lademengen mit hoher Zuverlässigkeit bewältigen. So baggerte der DN 2 beispielsweise 100 Tonnen Haufwerk in sieben Minuten weg. Da müssen auch teuerste Geräte von heute kräftig zulangen.

Großbagger als Einzelanfertigung

Als Universalbagger geplant, sind die Modelle D 360 und E 450 Einzelstücke geblieben. Beide Bagger konnten auf die jeweilige Hochlöffel- oder Schürfkübel-Einrichtung umgebaut werden. Dabei brachte der D 360 knapp 200 Tonnen und der E 450 etwa 260 Tonnen auf die Waage. Die Grabweite des 4,5 cbm fassenden Schürfkübels des E 450 betrug 43 m und die Grabtiefe 19 m.

Erneuerte Universalbagger

Der 1961 erstmals gebaute M 154 ersetzte den M 152. Er wurde zum beliebten Standardgerät auf deutschen und

ausländischen Baustellen. Die meisten der M 154 waren mit einer rein mechanischen Steuerung versehen, die ab Mitte der sechziger Jahre durch eine teilweise pneumatische Steuerung (Drehwerk) abgelöst wurde.

Erneuerte Steinbruchbagger

Nach unten wurde die Modellpalette der elektrisch betriebenen Mehrmotoren-Steinbruchbagger von den C 251/C 252/C 253 in der Gewichtsklasse um 75 bis 90 Tonnen und mit einem Löffelinhalt von 2,5 cbm abgerundet. Diese ersetzten den älteren C 250 Bagger.

Menck Koehring

Nachdem bereits 1966 der amerikanische Baumaschinenhersteller Koehring die Mehrheit der Anteile von Menck & Hambrock übernommen hatte, wurden auch reine Koehring-Geräte, wie etwa der Menck-Skooper, in das Baggerprogramm aufgenommen. Reine Menck-Entwicklungen waren der M 92 LC, der M 154 LC sowie der M 260, alles voll oder teilweise pneumatisch gesteuerte Hochleistungsbagger mit enormen Leistungen. Die letzte Entwicklung bei Menck war der vollhydraulische Menck 750, der für diese Zeit (1973) einen sehr modernen und fortschrittlichen Seilbagger darstellte.

Dampfkrane und Bagger

1900-1923

MENCK & HAMBROCK

MASCHINENFABRIK

EISEN- UND METALLGIESSEREI • KESSELSCHMIEDE

ALTONA-HAMBURG

(STADTTEIL OTTENSEN)

Preisliste 117. August 1901.

Lokomotiv- und Rangierkräne.

Fahrbare Dampfkräne

mit Dampfkessel, um Säule drehbar.

Figur A.

Preisliste für Dampfkrane ab 1900

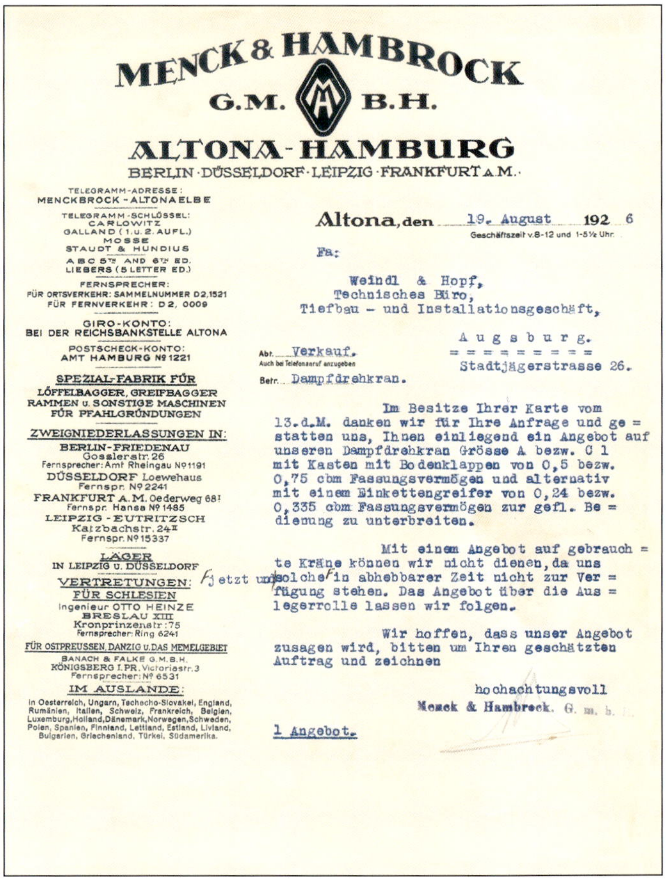

MENCK & HAMBROCK

G.M.B.H.

ALTONA-HAMBURG

BERLIN · DÜSSELDORF · LEIPZIG · FRANKFURT A.M.

TELEGRAMM-ADRESSE:
MENCKBROCK-ALTONAELBE

TELEGRAMM-SCHLÜSSEL:
CARLOWITZ
GALLAND (1. u. 2. AUFL.)
MOSSE
STAUDT & HUNDIUS
ABC 5TH AND 6TH ED.
LIEBERS (5 LETTER ED.)

FERNSPRECHER:
FÜR ORTSVERKEHR: SAMMELNUMMER D2,1521
FÜR FERNVERKEHR: D2, 0009

GIRO-KONTO:
BEI DER REICHSBANKSTELLE ALTONA

POSTSCHECK-KONTO:
AMT HAMBURG № 1221

SPEZIAL-FABRIK FÜR
LÖFFELBAGGER, GREIFBAGGER
RAMMEN u. SONSTIGE MASCHINEN
FÜR PFAHLGRÜNDUNGEN

ZWEIGNIEDERLASSUNGEN IN:
BERLIN-FRIEDENAU
Gosslerstr. 26
Fernsprecher: Amt Rheingau № 1191
DÜSSELDORF Loewehaus
Fernspr. № 2241
FRANKFURT A.M. Oederweg 68I
Fernspr. Hansa № 1485
LEIPZIG-EUTRITZSCH
Katzbachstr. 24II
Fernspr. № 15337

LÄGER
IN LEIPZIG u. DÜSSELDORF

VERTRETUNGEN:
FÜR SCHLESIEN
Ingenieur OTTO HEINZE
BRESLAU XIII
Kronprinzenstr.: 75
Fernsprecher: Ring 6241

FÜR OSTPREUSSEN, DANZIG u. DAS MEMELGEBIET
BANACH & FALKE G.M.B.H.
KÖNIGSBERG I. PR. Victoriastr. 3
Fernsprecher: № 6531

IM AUSLANDE:
in Oesterreich, Ungarn, Tschecho-Slovakei, England, Rumänien, Italien, Schweiz, Frankreich, Belgien, Luxemburg, Holland, Dänemark, Norwegen, Schweden, Polen, Spanien, Finnland, Lettland, Estland, Livland, Bulgarien, Griechenland, Türkei, Südamerika.

Altona, den 19. August 1926
Geschäftszeit v. 8-12 und 1-5½ Uhr.

Fa:

Weindl & Hopf,
Technisches Büro,
Tiefbau - und Installationsgeschäft,

Augsburg.
= = = = = = = = =
Stadtjägerstrasse 26.

Abt. Verkauf.
Auch bei Telefonanruf anzugeben

Betr. Dampfdrehkran.

Im Besitze Ihrer Karte vom 13.d.M. danken wir für Ihre Anfrage und ge = statten uns, Ihnen einliegend ein Angebot auf unseren Dampfdrehkran Grösse A bezw. C 1 mit Kasten mit Bodenklappen von 0,5 bezw. 0,75 cbm Fassungsvermögen und alternativ mit einem Einkettengreifer von 0,24 bezw. 0,335 cbm Fassungsvermögen zur gefl. Be = dienung zu unterbreiten.

Mit einem Angebot auf gebrauch = te Kräne können wir nicht dienen, da uns jetzt und solche in abhebbarer Zeit nicht zur Ver = fügung stehen. Das Angebot über die Aus = legerrolle lassen wir folgen.

Wir hoffen, dass unser Angebot zusagen wird, bitten um Ihren geschätzten Auftrag und zeichnen

hochachtungsvoll
Menck & Hambrock. G. m. b. H.

1 Angebot.

Angebot an einen Kunden in Augsburg im Jahr 1926

Der Dampfkran Modell C (mit Klappkasten) wurde 13-mal gebaut, der C 1 kam auf 54 Exemplare und der C 2 auf 32 Stück

Dampfbagger Modell G der Firma Polensky & Zöllner am Kaiser-Wilhelm-Kanal im Jahr 1909. Die Arbeiter haben sich, wie damals üblich, in Pose gestellt. Das Modell G wurde 616-mal gebaut

So transportierte man einen Bagger des Modells E (Auflage 238 Exemplare) zu Beginn des zwanzigsten Jahrhunderts

Schienen-Greifbagger der Größe E mit Dampfantrieb; Abbruch einer Eisenbahnbrücke in Augsburg Hochzoll 1911; Greifer im Vierseilbetrieb

Schienenbagger Modell-G1

Oben: **50 PS lieferte der Dampfkessel eines Schienen-Greifbaggers der Größe E. Das Gewicht des Baggers lag bei 35 t**

Rechts: **Großer Greifbagger Modell G20 (ab 1920) mit Dampfantrieb, feststehendem Ausleger und einem 2 cbm fassenden Greifer. Bau des Westhafens Berlin**

Schienenbagger Modell-G

2 cbm Löffelbagger der Größe G mit Dampfantrieb in einem Tagebau in Nordfrankreich. 81 PS lieferte der Dampfkessel des 58 t wiegenden Baggers, von dem 616 Stück produziert wurden

Dieser Dampfbagger belädt 1913 Pferdefuhrwerke am Neubau Moortwiete (heute Daimlerstraße) in Hamburg. Der Originaltext zu dieser Fotografie lautet: „Henry ganz links mit seinem Pferdefuhrwerk, der andere mit den Pferden ist Willi"

Patent-Löffelbagger
1926-1933

Menck MII Bagger mit 67,5 PS Dieselantrieb und Planiereinrichtung. Als kleinster Bagger der Serie, gebaut ab 1931, wurde der MII ausschließlich mit Diesel- oder Elektroantrieb angeboten. Das Gewicht wurde mit etwa 26 t angegeben, 113 Stück wurden hergestellt

MENCK & HAMBROCK ALTONA-HAMBURG

Allgemeine Angaben.

Modell	III	IV	V	VI
Dampfmaschinen				
Heben und Fahren . . . mm	160×170	190×210	235×245	290×315
Drehen . . . „	120,65×115	146×140	175×175	215×215
Vorschieben . . . „	120,65×115	146×140	175×175	215×215
Hubtrommeldurchmesser . . . mm	373	463	570	700
(2 Seile wickeln sich auf die Trommel)				
Hubseildurchmesser . . . „	2×15	2×19	2×23	2×29
Dampfkessel (für 8 Atm. Betriebsdruck und 12 Atm. Probewasserdruck)				
Heizfläche . . . qm	9,8	13,7	18,7	24,9
Überhitzerheizfläche . . . „	3	4,3	5,8	8
Rostfläche . . . „	0,75	1,08	1,45	2,02
Höhe . . . mm	2310	2580	2850	3180
Durchmesser . . . „	1170	1372	1625	1880
Fassungsvermögen des Kohlenbehälters . . . cbm	0,27	0,43	0,64	1,075
Fassungsvermögen des Wasserbehälters . . . „	0,9	1,4	2,08	3,5

Zubehörteile. Wir liefern mit: 1 Satz Mutterschlüssel, 2 Schmierkannen, 1 Satz Feuerungsgeschirr für den Kessel, 1 Satz Dichtungsmaterialien und verschiedene Reserveschrauben und Stauffer-Schmierdosen.

Löffelbagger.

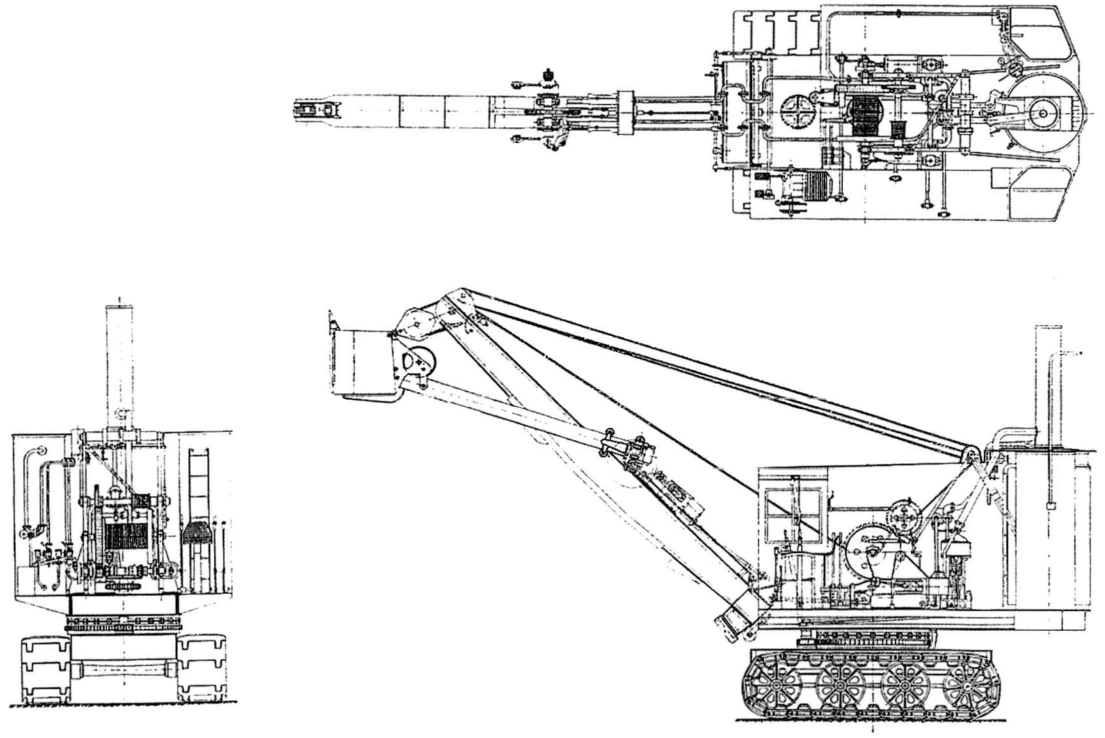

Menck-Patent-Universal-Dampf-Löffelbagger Modell III-VI in einem Prospekt von 1926

Menck MIII Dieselbagger mit 0,75 cbm Hochlöffel. Der MIII war auch als Dampf- und Elektrobagger lieferbar

Menck MIV Dampfbagger mit Hochlöffel der Firma Julius Berger. Der MIV war ein sehr leistungsfähiger Bagger, der bei schweren Bodenarten bis zu 900 cbm in zehn Stunden wegbaggern konnte

Menck MIV Dampfbagger mit Hochlöffel der Firma Hochtief. Der Löffelinhalt des etwa 50 Tonnen schweren Baggers betrug 1 cbm. 365 Einheiten wurden gebaut. Der Anschaffungspreis lag bei 48 000 RM

Der Menck MIII, hier als Dieselbagger mit Hochlöffel mit 0,75 cbm Löffelinhalt, war auch als Dampf- und Elektrobagger lieferbar. Das Arbeitsgewicht lag bei 27 bis 30 t. Auflage: 313 Exemplare, Neuwert: 35 500 RM

Menck MV Patent-Löffelbagger mit 1,5 cbm fassendem Hochlöffel und einem Gewicht von knapp 80 t. Der MV war als Diesel-, Dampf- und Elektroversion lieferbar. Die Modelle M III bis M VII wurden als Greifbagger, Eimerseilbagger, Kran und Ramme angeboten

Der rund 100 Tonnen schwere Menck MD Steinbruchbagger lädt im Jahr 1930 im Germania-Werk Hannover-Miesbach Holzloren. Die Modelle Mb, Mc, Md, Me und Mf waren ab 1926 im Angebot und eigens für die Arbeit im Steinbruch konzipiert

Steinbruchbagger Me (3,5 cbm Löffel) mit Elektroantrieb in Diensten der Firma Hochtief beim Bau des Pumpspeicherwerks Herdecke etwa 1927. 25 Bagger dieses Typs mit einem Gewicht von 160 t wurden zwischen 1927 und 1937 gebaut

Menck JRA mit 3 cbm Löffelinhalt und 250 Tonnen Arbeitsgewicht in Südafrika 1925

Menck KRA 1927, größter von Menck gebauter Löffelbagger mit einem Gewicht von 490 t. Speziell entwickelt und gebaut wurde der Bagger für die Dyckerhoff Werke in Amöneburg. Löffelinhalt: 5 cbm

MENCK & HAMBROCK ALTONA-HAMBURG

Elektro-Steinbruch-Löffelbagger Modell C in einem Magnesitbruch.

Dampf-Steinbruch-Löffelbagger Modell B in einem Kalksteinbruch.

Dampf-Steinbruch-Löffelbagger Modell E in einem Kalksteinbruch.

Dampf-Steinbruch-Löffelbagger Modell C in einem Kalkmergelbruch.

Dampf-Steinbruch-Löffelbagger Modell D in einem Kalksteinbruch.

Elektro-Steinbruch-Löffelbagger Modell D in einem Kreidebruch.

MENCK & HAMBROCK ALTONA-HAMBURG

Dampf-Steinbruch-Löffelbagger Modell C in einem Kalksteinbruch.

Dampf-Steinbruch-Löffelbagger Modell E in einem Kalksteinbruch.

MENCK & HAMBROCK G. M. B. H.

ALTONA-HAMBURG

Große Brunnenstraße 78

Telegramm-Adresse:
Menckbrock Altonaelbe

Telegramm-Schlüssel;
ABC 5th & 6th Ed., Liebers (5 Letter Ed.)
Carlowitz, Mosse, Galland

Fernsprecher:
für Ortsverkehr: Sammel-Nr. D2, 1521
für Fernverkehr: D2, 0009

Zweigniederlassungen:

Berlin — Düsseldorf — Leipzig

Vertretungen:

Frankfurt a. M. — Breslau — Königsberg

IM AUSLANDE:

Österreich, Ungarn, Tschecho-Slowakei, England, Rumänien, Italien, Schweiz, Frankreich, Belgien, Luxemburg, Holland, Dänemark, Norwegen, Schweden, Spanien, Portugal, Polen, Finnland, Litauen, Estland, Lettland, Bulgarien, Griechenland, Türkei, Südamerika

Elektro-Löffelbagger Modell Kra in einem Kalksteinbruch.

Universalbagger
1933-1945

Universalbagger Ma mit 70 PS und etwa 30 Tonnen Arbeitsgewicht, Auflage 144 Exemplare. Die Universalbagger wurden von 1933 bis1945 gebaut und konnten als Löffelhochbagger, Löffeltiefbagger, Eimerseilbagger, Planierbagger, Greifbagger, Schrapper, Kran und Ramme eingesetzt werden

Ma der ersten Serie mit kurzem Gegengewicht und Frontfenster mit Rundbogen. Die Reißkraft des maximal 70 PS starken Universalbaggers Ma liegt bei 9750 kg

Dieser Menck Ma wurde 1936 gebaut und mit einem Profilausleger versehen. Anfang der siebziger Jahre kam der Bagger bei der Firma Kerler zum Einsatz ...

... und wurde einige Jahre später leider verschrottet

„Majestätisch streckt sich der Gittermast des Mb in die Höhe.“ Bei der Betrachtung dieser Bilder wird verständlich, dass Technikfans von der Ästhetik ihrer Maschinen schwärmen

Diese Fotografien der Mb-Details mit der raffinierten Spiegelung können mit Recht als kleine Kunstwerke bezeichnet werden

Oben rechts: **Menck Mb Tieflöffelbagger der Firma Hebel in Memmingen.** Mitte rechts: **Menck Mb Tieflöffelbagger von 1933.**
Unten: **Menck Mb der Firma Mause bei einem Industrieabbruch im Jahr 1970. Der Neuwert im Jahr 1939 betrug 47 500 RM**

Oben: **Menck Mb Elektrobagger im Kohletagebau in Neuental/Hessen 1982.** Unten links: **Der Menck Mb Hochlöffelbagger der Amberger Kaolinwerke wurde 1935 mit der Maschinennummer 20005 ausgeliefert. Der Antrieb des 44 Tonnen wiegenden Baggers war ein KHD OMD 225 Motor mit 107 PS bei 550 U/min. Die Kabine des Baggers wurde 1955 umgebaut.** Rechts: **Abbruch eines Wohngebäudes in Augsburg mit dem Menck Mb der Firma Kerler im Jahr1972**

Abbruch einer Textilfabrik in Augsburg mit dem Menck Mb der Firma Mause im Jahr 1971. Sowohl die Einsatzbedingungen als auch die Handhabung des Baggers befanden sich im Grenzbereich

Außergewöhnlich gefährlich und nicht zur Nachahmung zu empfehlen ist, wie der Baggerführer den etwa 30 m hohen Wasserturm der Fabrik zum Einsturz bringt

Oben: **Starke Kräfte entwickelte der Menck Mb mit dem schweren Tieflöffel. Ohne die Unterlegkeile vor den Ketten hätte sich der schwere Bagger beim Graben nach vorne gezogen.** Links: **Menck Mb mit Tieflöffel der Firma Filser in Augsburg 1971. 1934 wurde der Bagger mit der Maschinennummer 20411 gebaut**

Links: **Blick auf die Ketten mit den Unterlegkeilen.** Rechts: **Mit einer am Tieflöffel eingehängten Kette diente der Bagger als Kran**

Gekauft wurde der Bagger mit der Maschinenummer 22359 im Jahr 1936 von der Firma Halbeck. Erst etwa 1970 übernahm ihn die Abbruchfirma Kerler. Wie immer, wenn der Bagger loslegte, gab es etliche Zuschauer bei dem Spektakel

Noch einmal der Mb im Jahr 1970 und rechts im Jahr 1992. Man sieht, dass der Bagger keineswegs geschont wurde

Der Mb (Maschinennummer 22359) der Firma Luff in Augsburg aus dem Baujahr 1936, fotografiert im Jahr 2007, ist noch heute voll einsatzfähig. 1936 musste man für den Mb Grundbagger 38 850 RM bezahlen

OFF LIMITS
BY ORDER OF COMMANDING OFFICER
EINTRITT VERBOTEN
AUF BEFEHL DES DIENSTST.-LEITER

Oben links: **Ein Bild aus den sechziger Jahren**

Oben rechts: **Der Bagger mit der Werknummer 22041 wurde im Jahr 1983 mit Schürfkübel zum Abbau von Kies aus einem Baggersee betrieben**

Links: **Mb von Luff aus dem Baujahr 1936**

Dieser Menck Mb, hier beim Abbruch von Wohngebäuden, hatte im Gegensatz zu den vorigen Mb-Baggern bereits eine abgerundete Kabinenform. Für den Antrieb war ein KHD T3M-325 Motor zuständig

Nach dem Verkauf wurde der Bagger bei einer anderen Abbruchfirma weiter eingesetzt, bis zur Verschrottung im Jahr 1988

Menck Mb mit Schürfkübel bei einem Baugrubenaushub in Augsburg 1972. Der Baggerführer entleert den Schürfkübel in einem Schwung auf den Lkw. Leider sieht man heute keine Seilbagger mehr mit Schürfkübeln beim Aushub von Baugruben. Solche Arbeiten erledigen längst die flexibleren Hydraulikbagger

Der Menck Mb mit Baggerführer Charly war das leistungsfähigste Gespann auf dem Gelände. Beide weilen längst im Baggerhimmel

Um sie nicht zur Gefahr werden zu lassen, muss der Baggerführer die heransausende Kugel aus dem kleinen seitlichen Fenster heraus genau beobachten

Menck Mb der Firma Heilit

Der Bagger mit Greifer

Der Dieselmotor des Menck Mc leistete 142 PS bei einer Drehzahl von 475 U/min. Das Arbeitsgewicht betrug etwa 64 Tonnen, die Reißkraft wird mit mindestens 20 500 kg angegeben. Die Hochlöffelausrüstung in der normalen Version fasste 1,4 cbm, außerdem war eine Spezialvariante lieferbar mit 2,0 cbm Inhalt. Der Tieflöffel konnte 1,1 cbm laden, der Greifer 0,75 cbm (1,05 cbm) und der Schürfkübel 0,6 bis 1,6 cbm. Mit der Planierausrüstung ließen sich 1,1 cbm bewegen

Im Jahr 1936 betrug der Neupreis des Menck Mc-Baggers 50 825 RM (Reichsmark)

Menck Mc Hochlöffelbagger der Amberger Kaolinwerke mit der Werknummer 32381. Die Kabine des Baggers wurde 1956 modernisiert

Menck Mc mit Tieflöffel in einer frühen Ausführung von 1933. Die Anschaffungskosten beliefen sich auf 62 400 RM für den Grundbagger, ohne Gegengewicht

Unten: **Menck Mc mit Greifer in den fünfziger Jahren.** Rechts: **Mc beim U-Bahn Bau im Jahr 1966 mit Caldwell Bohrgerät in der Münchener Ungererstraße. Die Werknummer des noch heute existierenden Baggers: 21161**

Dieser Mc wurde nach einer längeren Standzeit wieder in Betrieb gesetzt

Menck Mc Skoda mit Schürfkübel, etwa 1982

Rechts: **Menck Mc der Firma Karl Stöhr 1966 in der Ungererstraße in München**

Mc mit Schürfkübel. Der Skoda Sechszylinder-Reihenmotor leistet etwa 140 PS

Menck Mc Skoda, Werknummer SK-355 der Firma Putz in München, fotografiert beim Abbruch des Franziskanerkellers 1969

Ballastierung des Baggers. Im Jahr 1980 stand der Mc der Firma Putz in München zum Verkauf. 1981 wurde er nach Augsburg transportiert

Im Jahr 1941 wurde der Bagger SK-355 an die Firma Max Jung in München ausgeliefert

Industrieabbruch in Augsburg mit Fallgewicht 3,5 t im Jahr 1981

Oben: **Abbruch einer Textilfabrik in Augsburg**

Links: **Menck Mc Skoda mit Caldwell Bohrgerät der Firma Heilmann & Littmann**

Oben: **Ausschließlich zur Bedienung des Bohrgerätes dienen die fünf langen Hebel in der Mitte**

Die Aufnahmen entstanden in den siebziger Jahren in Augsburg. Leider wurde der gut erhaltene Bagger 1985 verschrottet

Der KHD-Dieselmotor des etwa 91 t schweren Menck Md Baggers hatte vier Zylinder und leistete 200 PS bei 500 U/min. Der Löffelinhalt wurde mit 1,5 cbm, die Reißkraft mit 29 200 kg angegeben. In den dreißiger und vierziger Jahren gehörten die Md Bagger zu den stärksten und größten Baggern in Deutschland. Es gab insgesamt 43 Md Bagger inklusive derjenigen, die noch von 1952 bis 1953 bei Maxima Bouffioulx in Belgien in Lizenz hergestellt wurden. Der Neuwert eines Md betrug 1939 etwa 100 000 RM.

Unten links: **Md 1 der Firma Klemm bei Kirchheim aus dem Baujahr 1936, Maschinennummer: 21902**

Rechts: **Md 2 der Firma Klemm aus dem Baujahr 1944, Maschinennummer: 27797. Klemm verwendete die starken Bagger zum Anheben und Verladen von schweren Steinblöcken.**

Links: **Menck Mc Skoda Zementwerk Eiberg bei Kufstein 1973. Menck Mc Skoda arbeiteten mit einem Skodamotor 6 S-160 (wassergekühlter Sechszylinder-Motor) mit 140 PS**
Oben: **Menck Mb2 und Mc2 Bagger wurden in den Kriegsjahren und noch kurz danach bei Skoda in Pilsen in der damaligen Tschechoslowakei (heute Tschechien), gefertigt. Insgesamt verließen in dieser Zeit 150 Mb 2, 58 Mc2 sowie 30 Mcu Bagger das Werk**
Unten: **516 Skoda Ry 151 Bagger wurden zwischen1967 und 1969 gebaut. Der Ry 151 entstand aus dem Ry 1, dem Nachfolgemodell des Menck-Skoda Mb. 174 dieser Bagger gingen in den Export. Ry 151 hieß der bei Skoda weiterentwickelte Bagger, hier zu sehen auf einer Abbruchbaustelle 1972**

Menck Mc Skoda der Firma Philipp Holzmann am Obersalzberg 1942

Menck Mb Skoda der Firma Hebel in Memmingen 1942, der Antrieb erfolgte durch den 4S-160 Skoda Motor

Die Baggermodelle Mb und Mc wurden in den Kriegsjahren neben Skoda auch von der CKD (Ceskomoraska-Kolben-Danek), in der Nähe von Prag ansässig, gefertigt. Abgebildet ist hier ein bei der CKD hergestellter Mb2, fotografiert bei Firma Luff 1986. Äußerlich lässt sich der bei CKD gefertigte Bagger (bekannt auch als Cesko Bagger) kaum von einem originalen Mb2 unterscheiden. Dieser Bagger wurde von einem Cesko Vierzylinder-Motor 4 RS 150 angetrieben. Mit der Nummer 55 war der Cesko viele Jahre im Besitz der Firma Stöhr in München

Universalbagger
1948-1978

1970 entstanden die Aufnahmen dieses Menck LK 50 mit Greifer, der sich im Besitz einer Ziegelei in Augsburg-Gersthofen befand. Der sogenannte Leichtkran war ein Produkt der Nachkriegszeit. Bei einem Gewicht von etwa 11 t hatte er 24 PS. Der LK 50 konnte mit Schürfkübel, Greifer oder als Kran genutzt werden. Vom LK 50 mit 0,3 cbm Greiferinhalt wurden zwischen 1950 und 1957 insgesamt 116 Stück gebaut. 51 Einheiten gab es vom Vorgänger LK 46, der von 1946 bis 1950 angeboten wurde

Universalbagger Menck M40 mit 0,4 cbm Greifer und 40 PS Dreizylinder-Deutz-Motor

Oben: **Der M40 mit Greifer konnte auf dieser Abbruchbaustelle gut zum Aussortieren und zur Verladung von Schrott verwendet werden**

Rechts: **M40 von 1960 bei Abbrucharbeiten im Innenraum einer Fabrikhalle im Jahr 1996. Das Gewicht des Baggers wird mit 16 t angegeben**

96 Exemplare des M 40 wurden von 1956 bis 1964 gebaut. Er war der kleinste Universalbagger von Menck

Der M40 Tieflöffelbagger mit der Maschinennummer 43171 wurde wieder hergerichtet und lässt sich auf einem Oldtimertreffen bewundern

Universalbagger Menck M 60, Gewicht etwa 20 t, Deutz-Vierzylinder-Motor mit 60 PS. Gebaut wurde der M 60 von 1954 bis 1972 in einer Auflage von 720 Exemplaren. Die Aufnahmen entstanden 1970 im Allgäu

Menck M 60 der Firma Kerler bei Abbrucharbeiten in der Augsburger Altstadt 1972. Stahlträger werden mit dem Greifer auf Lkw verladen. Für heute sind die Arbeiten beendet und der Chef betrachtet zufrieden das Werk des Tages

Oben: **Der M 60 LC mit der Maschinennummer 57219 stammt von 1969. Er hat neben der modernen Kabine bereits serienmäßig ein Traktorfahrwerk**

Rechts: **Der gut erhaltene M 60 mit Tieflöffel wurde 1964 mit der Maschinennummer 51608 gebaut**

Menck M 60 der Firma Heilmann und Littmann

Ehemaliger M 60 der Bundeswehr mit der Maschinennummer 45963, Baujahr 1960, verlässt das Gelände der Firma Hagn

Universalbagger Menck M 75 mit 0,75 cbm Hochlöffelinhalt. Deutz-Zweitakt-Motor mit 75 PS (ab 1954 92 PS), Arbeitsgewicht 26 t. Der M 75 entstand auf der Basis der Typen Mo und Ma. Er wurde als Diesel- und Elektrobagger angeboten und war in zehn Versionen lieferbar: Greifer, Eimerseil, Hoch- und Tieflöffel, Scraper, Kran, Hochbaukran, Stampf-, Ramm- und Planiereinrichtung. Der M 75 wurde von 1950 bis 1956 gebaut und erreichte eine Auflage von 323 Exemplaren

Menck M 75 der Firma Oltsch mit Spezialtieflöffel für ein Grabenprofil, aufgenommen in den fünfziger Jahren

Der M 75 mit der Maschinennummer 31512 wurde 1952 gebaut. Der Antrieb ist ein pressluftgestarteter Dieselmotor mit der Bezeichnung T2M 425. Das erste Baumuster des Baggers hat vorne eine gerade Kabine und einen Unterwagen mit vier Achsen

M 75 mit Greifer beim Baugrubenaushub 1971

Der Menck M 75 mit neuer Kabine und fünfachsigem Unterwagen ab 1953 war ein unmittelbarer Vorläufer des ab 1955 gebauten Menck M 90. Wie flink der Bagger mit dem Drehwerk beschleunigen kann, sieht man hier

Der Menck M 75 war neben seiner guten Leistung relativ wendig und unkompliziert in der Handhabung. Aus diesem Grund war er auf den Baustellen der fünfziger und sechziger Jahre ein beliebter Allroundbagger

Fünfachsiger M 75 mit angebautem Hochlöffel, Baujahr 1955, Werknummer 35522, im Besitz von Ernst Weber

Die neueren M 75 ab Baujahr 1953 hatten einen Vierzylinder-Viertakt-Motor mit 82 PS, der elektrisch gestartet wurde

Menck M 75 Baujahr 1953, Maschinennummer: 32846

Menck M 75 der Firma Beck & Helmschrott, ausgestattet mit einem Menck Schürfkübel, im Jahr 2001 im Raum Ulm bei der Kiesförderung

An den Haken genommen und auf einen Tieflader gehoben wurde dieser Menck M 75 der Firma Moll mit der Maschinennummer 31157. Der Bagger ging an einen Sammler in Mannheim

Menck M 75 Hochlöffelbagger im Steinbruch Dechantsees, Werknummer 34786, Baujahr 1954

Menck M 75 mit Tieflöffel der Firma Hans Rödl aus Nürnberg arbeitet 1980 am Rhein-Main-Donaukanal

Ende der vierziger Jahre war der Nachfolger des Mb der M 150 mit 1,5 cbm Löffelinhalt. Von diesem Bagger wurden nur 15 Stück gebaut. Bereits 1949 wurde der M 150 vom M 152 abgelöst. Der oben gezeigte Bagger wurde 1979 bei Hohenfels aufgenommen, Werknummer 29267

Menck M 150 Hochlöffelbagger mit Elektroantrieb. Neben den KHD Sechszylinder-Viertaktmotoren wurden wahlweise Kaelble oder Daimler Motoren mit 120 PS geliefert

Menck M 152 der Firma Luff in Augsburg, ein 1,5 cbm Bagger in der alten Ausführung mit gerader Kabine ab 1949. Der M 152 wird eingesetzt zum Aufschütten von Recyclingmaterial

Der Bagger belädt Lkw mit dem Schürfkübel. Rechts ein M 152 mit schwerem Ausleger und zurückgesetzten Auslegerrollen im Auslegerkopf. Dieser Ausleger fand dann standardmäßig Verwendung im Nachfolgemodell M 154

Mit einem versierten Fahrer arbeitet der M 152 mit Schürfkübel keineswegs unwirtschaftlich

Menck M 152, Baujahr 1951, Maschinennummer 30863, Firma Luff, aufgenommen im Dezember 2009 in einer Bauschuttdeponie. Der Hochlöffel des 45 Tonnen schweren Baggers hat 1,7 cbm Inhalt und stammt von einem Menck M 154 der Firma Moeck. Angetrieben wird der M 152 von einem KHD T3M 425 Dieselmotor. 1959 lag der Preis des Grundbaggers bei 169 875 DM

HAN
L

Menck M 152 der Firma Luff mit schwerem Abbruchgreifer. Der Deutz Vierzylinder-Zweitaktmotor (T4M 425) leistet 150 PS bei 700 U/min. Zu sehen ist der Bagger bei Abbrucharbeiten der Fleischerschule 2009. Im Jahr 1963 wurden auch diese M 152 Bagger in Lizenz bei der Firma Decauville in Belgien gebaut

Menck M 152, Maschinennummer 36350, im Basaltsteinbruch Marktredwitz. Unten links: **M 152 der Firma Luff mit Abbruchbirne**

Menck M 90 mit 115 PS Deutz-Motor. Unten: **M 90 als Kran auf einem Ponton auf der Isar in München 1971**

Der rund 28 Tonnen schwere Menck M 90 mit 115 PS Dieselmotor (Elektro 80 PS) hat eine Reißkraft von mindestens 16 000 kg. Der M 90 ist mit Schürfkübel (0,50 bis 1,25 cbm), Greifer (0,42 bis 0,85 cbm), Tieflöffel (0,90 cbm) und Hochlöffel (1,00 cbm) lieferbar. 670 Exemplare entstanden von dem M 90, der von 1955 bis etwa 1970 gebaut wurde

Oben: **Der Hochlöffel des M 90 fasst 1,00 cbm.** Unten: **Von der harten Arbeit im Steinbruch gezeichnet: M 90 von 1964 mit der Maschinennummer 53598 im Steinbruch Marktredwitz**

Menck M 90 mit 1,2 cbm Menck-Rekordeimer. 1965 wurde der Grundbagger ohne Gegengewicht für 161 850 DM angeboten

Oben links: **Menck M 90 Silent der Firma Götz Flierl, Baujahr 1969, Maschinennummer 57213**

Oben: **Der Menck M 90 der Firma Götz Flierl fördert den Aushub aus einem Schacht der U-Bahn-Baustelle in der Lerchenauer Straße in München im Jahr 2003.**

Links: **M 90 der Firma Beck & Helmschrott mit der Maschinennummer 45963 aus dem Baujahr 1959 auf derselben Baustelle. Dieser Bagger, früher bei Strabag eingesetzt, wurde erst nachträglich auf ein Traktorfahrwerk umgerüstet**

Menck M 92 LC luftgesteuerter Universalbagger. Hier im Einsatz als Schürfkübelbagger

Blick auf den Arbeitsplatz für den Baggerführer des M 92 LC der Firma Wayss & Freytag

Im Jahr 1971 erfolgte der Aushub für ein großes Gebäude in Augsburg mit dem damals neuen Menck M 92 LC

M 92 LC mit erhöhtem Stützbock sowie Hammerkopfausleger der Firma Wayss & Freytag bei Ed Dueim im Sudan 1983

Ein M 92 LC der Firma Wayss & Freytag in seinem Element: Hier wird der Damm für eine Fährenanlegestelle aufgeschüttet

Menck M 154 Silent, 167 PS, rund 46 Tonnen Arbeitsgewicht, 22 000 kg Reißkraft im Einsatz ...

... der Firma Philipp Holzmann, die 1976 in München das neue Patentamt baut

Der Menck M 154 wurde ab 1961 gebaut und erreichte eine Auflage von 312 Einheiten. Hinzu kamen 44 Exemplare der LC-Ausführung (Long-Crawler) inklusive fünf Silent-Versionen

Unten: M 154 Silent der Firma J. Riepl am Max-Weber-Platz in München 1983

Rechte Seite: Der M 154, fotografiert im Jahr 2007 bei Donauwörth, wurde 1971 gebaut und gehört damit bereits zu den neueren Menck Geräten. Maschinennummer: 58703

Oben: **M 154 mit Schürfkübel auf einer Bauschuttdeponie 2007. Der Bagger wurde 1952 mit der Nummer 32016 an die Firma Vatter ausgeliefert**

Links: **M 154 mit Drehmomentwandler im Dienst der Strabag auf einer Autobahnbaustelle in Oberbayern im Jahr 1975**

Rechte Seite: **Einer der letzten Menck M 154 LC, aufgenommen im Jahr 2000 mit einer 8-t-Abbruchbirne, wurde 1978 gebaut. Maschinennummer: 62010**

Eine zeitlose Form zeichnet den bereits in den siebziger Jahren konstruierten M 154 LC aus. Neben dem Traktorunterwagen wurde bei dem 55 t schweren Bagger auch eine Luftsteuerung für das Drehwerk, wahlweise auch für die Bremsen eingebaut. Die Konstruktion geht zurück auf den bewährten M 152, der seinerseits aus dem Mb entstand. Die Leistung und Handhabung des Baggers können sich noch heute mit modernen Maschinen messen

Der Arbeitsplatz des Baggerführers mit den übersichtlich angeordneten Steuerelementen. Mit den beiden kleinen Hebeln auf der rechten Seite werden die Winden für das Hubwerk eingeschaltet. Abgebremst werden die Winden mit zwei Pedalen. Der Hebel für das Schwenkwerk ist auf der linken Seite angeordnet

M 154 LC der Firma J. Riepl mit Schlitzwandgreifer bei einer U-Bahn Baustelle in München 1982

Auf der Bauma 1973 zeigte Menck den M 154 LC und den damals neu entwickelten hydraulisch angetriebenen Seilbagger M 750 mit 65 Tonnen Gewicht

Oben links: **M 250 mit 2,5 cbm Hochlöffel von Oppermann**

Oben rechts: **M 250 mit Hochlöffel, abgebildet auf der Titelseite einer Werkpost**

Rechts: **M 250 mit Hochlöffel, Baujahr 1952, Maschinennummer 31804**

Menck M 250 mit 2,5 cbm Schürfkübel der Firma Egger in Ausgburg-Haunstetten im Jahr 1971

Wie der M 250 stammt auch der Muldenkipper aus den fünfziger Jahren

Nach Arbeitsende platzierte der Baggerführer den Schürfkübel auf dem Dieselfass, um einem Diebstahl vorzubeugen

Rechts neben dem Fahrer befindet sich der reichlich dimensionierte Drehzahlregler

M 250 förderte 1988 aus einer 18 m tiefen Baugrube in München den Aushub mit einem 3,5 cbm Menck-Schürfkübel

40 Menck M 250 Universalbagger wurden ab 1951 gebaut, 250 PS, 78 Tonnen Arbeitsgewicht, 26 000 kg Reißkraft

Menck M 250 mit Schürfkübel; Acrylbild auf Leinwand

Menck M 250, Maschinennummer 32015, beim Abbruch des Flughafens München Riem 1993

M 250 mit Abrissbirne und Greifer in Aktion: Abbruch einer großen Textilfabrik in Augsburg 1996

Abbruch des LTU-Hangars am Flughafen München Riem

Ein Menck M 251 der Firma Heidelberg Cement belädt einen Kaelble Kipper im Steinbruch Gerhausen, Blaubeuren 1967. Dieser M 251 löst 1955 das Vorgängermodell M 250 ab. Er ist mit 250 PS (1800 U/min) ausgestattet, verfügt über rund 80 Tonnen Arbeitsgewicht und reißt mindestens 32 000 kg. Der Hochlöffel fasst 2,50 cbm, der Tieflöffel 2,00 cbm, der Greifer 1,20 bis 1,70 cbm und der Schürfkübel 1,25 bis 3,25 cbm

Unten: **M 251 mit Steinschlagschutz im Basalt-Steinbruch Pechbrunn im Jahr 1979. Die Maschinennummer des 1961 gebauten Baggers lautet 47552**

Oben: **Menck M 251, Baujahr 1956, mit untypischem Gittermastausleger. Werknummer 38320**

Unten links: **Der M 251, Werknummer 38143, hier zu sehen am Bodensee, befand sich ursprünglich im Besitz der Firma Kunz**

Menck M 251 Baujahr 1956,
Maschinennummer 38143,
mit wassergekühltem Deutz
Vierzylinder-Zweitaktmotor
mit 250 PS und 700 U/min

M 251 im Dezember 2009. Der M 251 wurde von 1955 bis 1965 in einer Auflage von 83 Exemplaren produziert

Der M 260 mit Hochlöffel und Steinschlagschutz hat die Maschinennummer 59697

Menck M 260 Hochlöffelbagger im Basaltsteinbruch Kupferberg im Jahr 1981. Gebaut wurde der Bagger 1970, Maschinennummer 58187. Angetrieben wurde der M 260 von einem Zwölfzylinder-Deutz-Motor mit etwa 230 PS

Menck M 260 mit Cummins-Dieselmotor und einem dreistufigen Twin-Disc Drehmomentwandler

LUFF
M

LUFF
K

MENCK
M 260
LUFF
MENCK

MENCK
M 260
MENCK

Menck M 260 beim Industrieabbruch Haindl in Augsburg 1997. Das Gewicht der Abbruchkugel beträgt zehn Tonnen

Dieser über 40 Jahre alte Menck M 260, der im Januar 2010 nach München auf eine Abbruchbaustelle transportiert wurde, sieht aus wie frisch aus dem Werk. Der Transport des 78 t schweren Baggers erfolgte in der Nacht

Menck M 260 der Firma Trinkl in München 1975 mit massivem Greifer. Unten: **Menck M 260 Baujahr 1972, Maschinennummer 59697, im Jahr 1996. Der M 260 wurde 33-mal gebaut, von 1966 bis 1972**

Dieser Hochlöffelbagger M 260 mit 2,6 cbm Felslöffel war als Sonderanfertigung mit einem besonders hohen und stabilen Unterwagen des Menck C 253 ausgestattet. Der Bagger wurde 1970 mit der Maschinennummer 58540/42 an die Portland Zementwerke in Rohrdorf bei Rosenheim ausgeliefert

Seit Dezember 1970 befindet sich der M 260 mit der Maschinennummer 58540/42 in Betrieb

Menck D 360 in Wiesbaden-Amöneburg. Der Neupreis des schwergewichtigen Baggers wurde mit 1 130 000 DM angegeben

Menck D 360:
Universalbagger mit 3,6 cbm Löffelinhalt, ca. 480 PS, 180 Tonnen Gewicht, Reißkraft 50 000 kg

Menck E 450:
Universalbagger mit Mehrmotoren-Elektroantrieb, 4,5 cbm Löffelinhalt, ca. 605 PS, 260 Tonnen Gewicht, Reißkraft 66 000 kg

Das einzige Exemplar des E 450 wurde 1953 gebaut und nach Schweden ausgeliefert. Der Preis des Baggers betrug 1 510 000 DM

Steinbruchbagger

Der Kleinste der C-Reihe arbeitet mit 281 PS: Menck C 250 im Steinbruch von Heidelberg Cement in Burglengenfeld 1955

Menck C 250, Mehrmotoren-Elektrobagger, mit 2,5 cbm Löffelinhalt, Gewicht etwa 75 t

Menck C 250 im Steinbruch Burglengenfeld 1965

Rechts: **Abgestellter C 250 Elektrobagger bei Beckum. In der Produktionszeit von 1950-1958 wurden 44 Bagger hergestellt**

Steinbruchbagger C 250 bei seiner, im wahrsten Sinn des Wortes, „schweren“ Arbeit. Unten **Im Winter 1950**

Mehrmotoren-Elektrobagger C 251 für den Steinbruch, Nachfolgemodell des C 250, hier in einem Steinbruch bei Hannover im Jahr 1982. 30 Einheiten wurden von dem C 251 in den Jahren 1958 bis 1970 produziert

Größenvergleich Mensch und Maschine: Der 355 PS starke Steinbruchbagger C 251 reicht fast zehn Meter hoch und ist rund 82 Tonnen schwer

Menck-Spezial-Steinbruchbagger C 252 mit etwa 87 Tonnen Gewicht, ca. 40 000 kg Reißkraft und 2,5 cbm Löffelinhalt

Im Jahr 1962 kostete der C 252 mit seiner Gesamtleistung von 436 PS, verteilt auf drei Elektromotoren, 480 000 DM

Menck DN Steinbruchbagger mit 3,6 cbm Löffel in einer frühen Ausführung bei der Firma Ilse bei Paderborn. Die Aufnahme von 1952 zeigt den Bagger, der damals 450 000 DM gekostet hat. Die Motoren leisteten 377 PS, Reißkraft 40 000 kg

Der Menck DN Mehrmotoren-Elektrobagger ist 150 t schwer, der Löffel fasst 3,6 bis 4,0 cbm. Die drei Motoren des neuen DN-Baggers haben eine Leistung von 475 PS. Alleine das Gegengewicht des Baggers wiegt 34 t

DN Elektrobagger der Zementwerke Ennigerloh bei Beckum mit der Werknummer 48705, seit 1962 in Betrieb

Der DN mit der Werknummer 48705 belädt einen Perlini-Muldenkipper mit seinem massiven 4 cbm fassenden Felslöffel.
Leider ist keiner der 60 gebauten Menck DN Bagger über das Jahr 2000 hinaus erhalten geblieben

Der 583 PS starke Menck EN wurde 16-mal gebaut. Löffelinhalt 4,5 cbm, Gewicht 201 t, Reißkraft 66 000 kg. Anfang der fünfziger Jahre kostete ein EN 655 000 DM

Bereits 1941 war dieser Menck EN Bagger mit der Nr. 11 am Erzberg im Betrieb

Fahrersitz mit Hebelei und Blick in den Innenraum und auf das groß dimensionierte Windwerk

Der mit einem Leonard-Ward-Antrieb ausgestattete DN 2 war einer der leistungsfähigsten Steinbruchbagger in den sechziger und siebziger Jahren. Ziemlich neu war der Bagger, als dieses Bild von der Beladung der Muldenkipper entstand. Von 1961 bis 1972 wurden zehn DN 2 gebaut, die alle in Deutschland zum Einsatz kamen

Der ab 1961 gebaute DN 2 konnte nach den von Menck-Ingenieuren gemachten Angaben in der Stunde 1000 t fördern und war mit 575 PS einer der leistungsfähigsten Hochlöffelbagger in Deutschland. Ab 1962 wurde der DN 2 mit 4,5 cbm Löffelinhalt gebaut. Der Neupreis betrug damals 980 000 DM

Der DN 3 aus dem Baujahr 1959, Werknummer 44806, von Feldhaus in Schmallenberg, war zuvor bei Arbet in Luxemburg eingesetzt. Spezifisches Erkennungsmerkmal des DN 3 ist der vierachsige Unterwagen. Die Aufnahmen entstanden 1990

Der Menck DN/EN mit der Nr. 10 wurde 1968 gebaut und hatte die Werknummer 56838. Der Einsatzort dieses und der zwei anderen speziell angefertigten DN-EN Bagger war bei Wiesbaden-Amöneburg

Menck Werksaufnahmen

Ein Menck MV Dampfbagger wurde 1931 einem Belastungstest unterzogen, wobei ein Menck MII mit etwa 26 t Gewicht angehoben wurde. Die anwesenden Konstrukteure beobachteten das Geschehen auf dem Werkshof

Firmeneigener, auf eine Menck-Holzgasanlage umgebauter Henschel 5D2

Prototyp mit Traktorfahrwerk auf dem Menck-Testgelände

Mehrere Menck MII Universalbagger mit Greifer und Planiereinrichtung verlassen das Werk auf Transportwagen der Bahn 1931

Im Hof Werk I, mit Blick auf die Nöltingstraße, hat der Werksfotograf den Menck MII und das Nachfolgemodell Mo, beide mit Hochlöffel, abgelichtet

Ebenfalls auf dem Hof von Werk I kann man hier den beachtlichen Größenunterschied zwischen einem Jra-Elektrobagger und einem Menck K MIII Dampfbagger sehen

Menck Mb Spezialausführung des 38 Tonnen schweren Baggers, hier mit Hochlöffel und Pendelschieber, statt einer Löffelklappe, die beim Standard-Hochlöffelbagger eingebaut war

Neuer Menck Mb Universalbagger mit abgerundeter Kabine und Hochlöffel auf dem Werkshof

Menck Mdu, ein 1940 neu entwickelter Dreimotoren-Elektrobagger. Arbeitsgewicht 98 Tonnen, Löffelinhalt 2,7 cbm, Reißkraft 41 Tonnen, Gesamtleistung 335 PS

In der neu gebauten Halle 148 im Werk I erfolgte die Montage der M 154 Universalbaggers

So wurden die Menck-Bagger montiert oder in Teilen auf Eisenbahnwagen aus dem Werk zum Bahnhof Hamburg Altona oder zum Hafen gebracht

Versandhof und Waschhaus des Werkes I im Oktober 1960

Ansicht des ehemaligen Menck & Hambrock Werks von der Großen Brunnenstraße 1993

Menck Baggermodelle

Kurt Puntschuh baute dieses Modell eines Menck Mc im Maßstab 1:20. Das Modell wird von einem Elektromotor angetrieben und ist voll funktionsfähig. Alle Funktionen werden wie beim großen Vorbild über Kupplungen ausgeführt. Bedient wird das Modell durch originalgetreue Hebel und Fußbremsen im Inneren des Baggers, die auch in der Anordnung dem Originalbagger entsprechen

Menck Mc Modell im Maßstab 1:50. Der Ausleger kann mit Zwischenstücken verlängert werden. Gebaut wurde dieses Modell von Peter Veicht

Funktionsmodell eines D 360 Baggers mit Schürfkübel im Maßstab 1:50 von Peter Veicht. Alle Baggerfunktionen, einschließlich des Auslegers, lassen sich über eine Kabelfernsteuerung betätigen

Funktionsmodell eines Menck DN-EN Baggers von Peter Veicht. Wie beim Modell des D 360 lassen sich alle Baggerfunktionen per Kabelfernsteuerung ansteuern. Sowohl der Löffelvorschub als auch die Betätigung der Löffelklappe geschehen mittels Fernsteuerung

Danke

Ich möchte allen meinen herzlichen Dank aussprechen, die mir ihre Aufnahmen für dieses Buch überlassen haben. Mein besonderer Dank gilt Werner Luff, Walter Zacherle, Alfred Meyer, Ernst Weber, Markus Anderl, Stefan Bongartz, Thomas Bayer, Martin Maier, Francis Pierre, Thomas Kagerbauer, RainerTimm, Hans-Jürgen Weber, Manfred Koch, Dietmar Cramer, Wilhelm Nessel und Kurt Puntschuh, die für mich ihre interessanten Archive geöffnet haben. Des Weiteren bedanke ich mich bei allen, die mich mit Ratschlägen unterstützt haben.

Weitere Bücher unseres Verlages

Fordern Sie unser Gesamtverzeichnis an, das wir Ihnen kostenlos und unverbindlich liefern mit Büchern über Autos, Motorräder, Lastwagen, Traktoren, Feuerwehrfahrzeuge, Baumaschinen und Lokomotiven:

Verlag Podszun Motorbücher GmbH
Elisabethstraße 23–25, 59929 Brilon
Telefon 02961-53213, Fax 02961-9639900
Email info@podszun-verlag.de
www.podszun-verlag.de

Mit zahlreichen Bildern und technischen Zeichnungen dokumentieren die Autoren die Turmdrehkrane aus 100 Jahren.

170 Seiten, 510 Abbildungen
28 x 22 cm, fester Einband
Bestellnummer 560 EUR 29,90

Die weltweit führenden Anbieter für Schwerlast- und Spezialfahrzeuge werden mit ihrer atemberaubenden Technik vorgestellt

170 Seiten, 480 Abbildungen
28 x 22 cm, fester Einband
Bestellnummer 557 EUR 29,90

Die Autoren zeigen mit zahlreichen Fotos die leistungsfähigkeit bedeutender schweizer Unternehmen.

144 Seiten, 320 Abbildungen
28 x 22 cm, fester Einband
Bestellnummer 555 EUR 24,90

Gittermast-Autokrane, Teleskop-Autokrane und Raupenkrane dieses populären deutschen Herstellers in spektakulären Einsätzen.

160 Seiten, 420 Abbildungen
28 x 21 cm, fester Einband
Bestellnummer 495 EUR 29,90

Chronik des bekannten Bau- und Speditionsunternehmens von 1926 bis zur Aufgabe in den achtziger Jahren.

160 Seiten, 420 Abbildungen
28 x 21 cm, fester Einband
Bestellnummer 497 EUR 29,90

Eine komplette Dokumentation aller vierachsigen MAN TGA mit spannenden Einsatzfotos und technischen Daten.

144 Seiten, 370 Abbildungen
28 x 21 cm, fester Einband
Bestellnummer 472 EUR 24,90

Alle Borgward Lastwagen und Omnibusse und speziell die Sonderaufbauten werden erstmals gezeigt und beschrieben.

220 Seiten, 550 Abbildungen
28 x 21 cm, fester Einband
Bestellnummer 456 EUR 39,90

Rund 270 MAN-Großfahrzeuge im Einsatz. Mit ausführlichen Beschreibungen und technischen Daten.

144 Seiten, 310 Abbildungen
28 x 21 cm, fester Einband
Bestellnummer 359 EUR 29,90

Die gewohnt informativen Texte von H.-H. Cohrs und viele seltene Abbildungen beschreiben den Unimog im Baueinsatz.

208 Seiten, 490 Abbildungen
28 x 21 cm, fester Einband
Bestellnummer 390 EUR 29,90

Einmalige Dokumentation der Fahrzeuge und der Unternehmen. Die Abschleppwagen werden von allen Seiten gezeigt.

288 Seiten, 605 Abbildungen
28 x 21 cm, fester Einband
Bestellnummer 537 EUR 39,90

Vom ersten Hochlöffelbagger auf Schienen bis zu den außergewöhnlichsten Hydraulikbaggern der neueren Zeit.

176 Seiten, 415 Abbildungen
28 x 21 cm, fester Einband
Bestellnummer 350 EUR 29,90

Dokumentation der traditionsreichen Geschichte dieser drei legendären Marken, die viele Jahre unter einem Dach waren.

165 Seiten, 355 Abbildungen
28 x 21 cm, fester Einband
Bestellnummer 330 EUR 29,90

Pflug- und Bandlader, Erdfräsen, Elevating Grader, Becherwerkslader, Surface Miner und viele andere Konstruktionen.

160 Seiten, 425 Abbildungen
28 x 21 cm, fester Einband
Bestellnummer 358 EUR 24,90

Grabenpflüge, -fräsen, -bagger, Tagebaugeräte in England, Atelfond, Menck M 75 Nr. 35522, Ch TZ-Uraltrac Tscheljabinsk.

144 Seiten, 300 Abbildungen
24 x 17 cm, Leinenbroschur
Bestellnummer 528 EUR 14,90

MAN TGA 41.680, Umsetztransporte der DB in den 70er Jahren, Scammell 100-Tonner von 1929, Schwerlastimpressionen u.a.

144 Seiten, 290 Abbildungen
24 x 17 cm, fester Einband
Bestellnummer 530 EUR 14,90

Anhand faszinierender Fotos dokumentiert der Autor die Teleskop- und Gittermastkrane von Terex-Demag.

144 Seiten, 410 Abbildungen
28 x 21 cm, fester Einband
Bestellnummer 513 EUR 24,90

Die besten Bilder von den spannendsten Transporten aus dem Archiv von Thorge Clever werden gezeigt und beschrieben.

144 Seiten, 350 Abbildungen
28 x 21 cm, fester Einband
Bestellnummer 476 EUR 24,90

Weitere faszinierende Transporte aus den letzten 25 Jahren mit spektakulären Einsatzfotos von Thorge Clever.

136 Seiten, 310 Abbildungen
28 x 21 cm, fester Einband
Bestellnummer 539 EUR 24,90

Alle Arbeitsschritte des Tagebaus weden gezeigt und die jeweiligen Großgeräte und Baumaschinen dazu.

208 Seiten, 510 Abbildungen
28 x 21 cm, fester Einband
Bestellnummer 357 EUR 34,90

Gottwald-Historie, Dampfwinden, Rammen, stationäre und nichtstationäre Krane, Bagger, Eisenbahn-, Fahrzeug- und Gittermastkrane.

357 Seiten, 1415 Abbildungen
28 x 21 cm, fester Einband
Bestellnummer 421 EUR 49,90

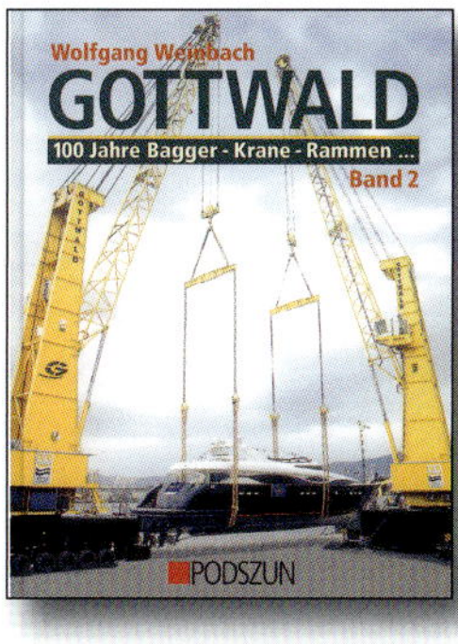

Band 2: Hydrogeräte, Teleskopkrane, Sondergeräte, Spezialfahrzeuge, Gelände- und Feuerwehrkrane.

357 Seiten, 940 Abbildungen
28 x 21 cm, fester Einband
Bestellnummer 422 EUR 49,90

Die besten Fotografien aus Wolfgang Weinbachs riesiger Sammlung zeigen mehr als 100 Jahre Gottwald-Geschichte.

160 Seiten, 480 Abbildungen
28 x 21 cm, fester Einband
Bestellnummer 474 EUR 29,90

Besondere Einsätze und technische Highlights aus der Geschichte der Einzelfirmen sowie den zehn gemeinsamen Jahren.

160 Seiten, 500 Abbildungen
28 x 21 cm, fester Einband
Bestellnummer 480 EUR 29,90

Michael Schauers Spezialität: Selten anzutreffende Maschinen in außergewöhnlichen, spannenden Einsätzen.

136 Seiten, 330 Abbildungen
28 x 21 cm, fester Einband
Bestellnummer 408 EUR 24,90

Hier geht es zur Sache mit Kranhaken, Mehrschalengreifern, Abrissbirnen, Schrottscheren und Baggern, Raupen, Radladern …

180 Seiten, 520 Abbildungen
29 x 21 cm, fester Einband
Bestellnummer 492 EUR 29,90

Das umfassende D9-Buch mit allen Daten, Zeichnungen, Typenbeschreibungen und unveröffentlichten Abbildungen.

200 Seiten, 380 Abbildungen
28 x 21 cm, fester Einband
Bestellnummer 290 EUR 34,90

Gerken gilt als Spezialist der Branche. Hier ist die spannende Geschichte dieses Unternehmens mit vielen Einsatzfotos.

118 Seiten, 270 Abbildungen
28 x 21 cm, fester Einband
Bestellnummer 536 EUR 19,90

Die Geschichte, die Fahrzeuge und die Technik dieses populären Unternehmens mit vielen bisher unveröffentlichten Abbildungen.

170 Seiten, 550 Abbildungen
28 x 21 cm, fester Einband
Bestellnummer 534 EUR 29,90